Sunil Kumar Mahla
Rajveer Singh
G.S. Sidhu

Avaliação do desempenho do biodiesel de farelo de arroz em motor de combustão interna

Sunil Kumar Mahla
Rajveer Singh
G.S. Sidhu

Avaliação do desempenho do biodiesel de farelo de arroz em motor de combustão interna

ScienciaScripts

Imprint
Any brand names and product names mentioned in this book are subject to trademark, brand or patent protection and are trademarks or registered trademarks of their respective holders. The use of brand names, product names, common names, trade names, product descriptions etc. even without a particular marking in this work is in no way to be construed to mean that such names may be regarded as unrestricted in respect of trademark and brand protection legislation and could thus be used by anyone.

Cover image: www.ingimage.com

This book is a translation from the original published under ISBN 978-3-639-71164-6.

Publisher:
Sciencia Scripts
is a trademark of
Dodo Books Indian Ocean Ltd. and OmniScriptum S.R.L publishing group

120 High Road, East Finchley, London, N2 9ED, United Kingdom
Str. Armeneasca 28/1, office 1, Chisinau MD-2012, Republic of Moldova, Europe
Managing Directors: Ieva Konstantinova, Victoria Ursu
info@omniscriptum.com

Printed at: see last page
ISBN: 978-620-8-58426-9

AGRADECIMENTOS

Gostaria de expressar os meus agradecimentos ao Dr. G.S Sidhu, Diretor do LALA LAJPAT RAI INSTITUTE OF ENGINEERING & TECHNOLOGY MOGA e ao Dr. S.K Mahla, Diretor do ADESH INSTITUTE OF ENGINEERING & TECHNOLOGY FARIDKOT, pela sua orientação e encorajamento. O presente trabalho é a convergência das suas ideias. Trabalhar sob a sua orientação é um prazer imenso e muito útil no contexto do conhecimento.

Gostaria também de agradecer ao Sr. Varun Singla pelo seu apoio, que me supervisionou durante a produção de biodiesel, e ao pessoal do laboratório de motores de combustão interna do ADESH INSTITUTE OF ENGINEERING & TECHNOLOGY FARIDKOT, que me supervisionou durante a estimativa do desempenho e das caraterísticas de emissão do motor C.I.

Estou muito grato aos meus pais, amigos e colegas pelo seu incentivo e apoio na elaboração deste relatório de tese.

Rajvir Singh
R. N.º 1416227
Engenharia Mecânica M.
tech LLRIET Moga

RESUMO

O biodiesel é utilizado devido à crise do petróleo fóssil e às questões ambientais. O biodiesel é um substituto renovável do combustível de petróleo devido aos seus benefícios económicos e ambientais. Neste estudo, o farelo de arroz, um produto residual da indústria de moagem de arroz, é utilizado para a produção de biodiesel. A Índia dispõe de uma disponibilidade abundante de óleo de farelo de arroz. Este estudo foi realizado para avaliar as propriedades do biodiesel de farelo de arroz e o efeito do biodiesel de farelo de arroz e da mistura de gasóleo no desempenho e nas caraterísticas das emissões do motor de ignição por compressão. As misturas de biodiesel são B20, B40 e B60, numa base volumétrica, realizadas em diferentes condições de carga e comparadas com o gasóleo. O resultado mostra que a mistura de biodiesel B40 apresenta melhores parâmetros de desempenho do que B20 e B60. A plena carga, o B40 tem 24,4% de eficiência térmica do travão (BTE), que é superior à do gasóleo. Assim, a mistura B40 de biodiesel de farelo de arroz pode ser utilizada no motor sem modificação. Os resultados também mostraram que as emissões de monóxido de carbono (CO) e de dióxido de carbono (CO2) diminuem até 40% no caso do biodiesel em relação ao gasóleo. Os hidrocarbonetos não queimados (HC) reduzem até 50% no caso das misturas de biodiesel. Assim, o biodiesel de óleo de farelo de arroz é um combustível renovável e amigo do ambiente.

ÍNDICE

NOMENCLATURA

Symbol	Title	unit
CV	Calorific value	(MJ/kg)
CO	Carbon monoxide	
CO_2	Carbon dioxide	
HC	Unburned Hydrocarbon	ppm
O_2	Oxygen	
EGT	Exhaust gas temp	t^0C
BTE	Brake thermal efficiency	%
B20	80% diesel, 20% biodiesel	
B40	60% diesel, 40% biodiesel	
B60	40% diesel, 60% biodiesel	
RBO	Rice bran oil	
BSFC	Brake specific fuel consumption	Kg/kwh
BSEC	Brake specific energy consumption	MJ/kwh
FFA	Free fatty acid	%
BP	Brake power	KW
NOX	Oxide of nitrogen	
H	Calorific value	(MJ/kg)
η	Kinematic viscosity	mm^2s^{-1}
E_1	Nichrome wire weight	mg
E_2	cotton thread weight	gm.
W	water equivalent	cal/c^0
RBOME	Rice bran oil methyl ester	
KOH	Potassium hydroxide	
NaOH	Sodium hydroxide	
CP	Cloud point	t^0C
m_1	Weight of empty specific gravity bottle	gm.
m_2	Weight of specific gravity bottle with water	gm.
m_3	Weight of specific gravity bottle with oil	gm.

t_1	time t_1 taken by oil to pass through bulb of viscous meter
t_2	time t_2 taken by water to pass through bulb of viscous meter
d_1	Density of oil
d_2	Density of water

CAPÍTULO 1

INTRODUÇÃO

Não podemos imaginar um mundo sem combustíveis como o gasóleo ou a gasolina para fazer funcionar todos os sectores. Mas coloca-se a questão de saber quanto tempo podemos sobreviver com este combustível de petróleo. Como podemos satisfazer as necessidades da humanidade. Então, é preciso dar alguma atenção a este tópico. Então precisamos de obter recursos alternativos de energia. O biodiesel pode ser uma das melhores soluções para a crise energética. Os principais recursos para a produção de biodiesel são o óleo não comestível e os recursos de óleo comestível.

Em 1912, Rudolph Diesel, falando à sociedade de engenheiros de St Louis, Missouri, afirmou: "A utilização de óleos vegetais como combustível para motores pode parecer insignificante hoje em dia, mas esse óleo pode tornar-se, com o tempo, tão importante como o petróleo e os produtos de alcatrão de carvão dos tempos actuais"

No entanto, têm sido feitos esforços sistemáticos para utilizar o óleo como combustível nos motores. A viscosidade do óleo vegetal é várias vezes superior à do gasóleo mineral devido à sua grande massa molecular e estrutura química.

A maior parte dos países ocidentais utiliza óleo de soja, de girassol, de açafrão, de colza, de palma, etc., para a produção de biodiesel e investigação no motor. Estes óleos são de natureza comestível e os países em desenvolvimento, como a Índia, não podem dispor de óleos comestíveis como substitutos de combustível. Assim, os países em desenvolvimento têm de concentrar as suas intenções em óleos de natureza não comestível, que são mais baratos. Na Índia, existe uma variedade de óleos não comestíveis, como o linho, a mahua, a karanja, o farelo de arroz e a Jatropha, em quantidades excedentárias.

1.1 Combustíveis alternativos

Trata-se de combustíveis que não a gasolina ou o gasóleo e que estão a ser cada vez mais utilizados, uma vez que são mais limpos do que os combustíveis convencionais. Além disso, muitos deles estão disponíveis no país e, como tal, a sua utilização permite poupar divisas e aumentar a segurança da sua disponibilidade. Estes combustíveis incluem

1. Gás natural comprimido
2. Gás natural liquefeito
3. Gás de petróleo liquefeito
4. Combustíveis à base de álcool, como o álcool metílico e o álcool etílico, quer em estado puro quer em mistura com gasolina.
5. Eletricidade (incluindo a energia solar)
6. Hidrogénio
7. Os biocombustíveis, que são derivados de materiais biológicos como a colza, o farelo de arroz, a Jatropha, etc.

1.2 Principais recursos para a produção de biodiesel

1. Recursos de óleos não comestíveis
2. Recursos de óleos alimentares
3. Outros recursos

- Algas/microalgas
- Gorduras animais
- Lamas de depuração municipais
- Óleo alimentar usado
- Resíduos da adega

1.3 Necessidades de redução da viscosidade do óleo vegetal

A mistura direta com o gasóleo não pode ser possível devido à maior viscosidade do óleo vegetal. Uma viscosidade mais elevada pode resultar no bloqueio da linha de combustível. A elevada viscosidade do óleo vegetal reduz a atomização do combustível e aumenta a penetração, o que é parcialmente responsável por depósitos no motor, colagem do anel do pistão, coqueificação do injetor e espessamento do óleo.

1.4 Diferentes métodos desenvolvidos para reduzir a viscosidade dos óleos vegetais

Vários estudos demonstraram que as propriedades combustíveis dos óleos vegetais podem ser melhoradas através da transesterificação. Atualmente, este é o método de eleição de todos os investigadores. A transesterificação é uma das reacções químicas mais comuns em que o álcool reage com triglicéridos de ácidos gordos na presença de um catalisador. O metanol e o etanol são utilizados com mais frequência, especialmente o metanol devido ao seu baixo custo e às suas qualidades físicas e químicas. Este pode reagir rapidamente com os triglicéridos e o NaOH dissolve-se facilmente nele. Várias investigações tentaram a transesterificação sem utilizar qualquer catalisador em metanol supercrítico, o que elimina a necessidade de lavagem com água.

1.4.1 Diluição

Os óleos vegetais brutos podem ser misturados diretamente ou diluídos com gasóleo para melhorar a sua viscosidade. A diluição reduz a viscosidade e os problemas de desempenho do motor, como a coqueificação dos injectores e a criação de depósitos de carbono. Em 1980, a Caterpillar Brasil utilizou uma mistura de 10% de óleo vegetal e gasóleo para manter a potência total sem qualquer modificação ou ajustamento do motor. Foi também efectuado um estudo de um motor diesel com a mistura de 20% de óleo vegetal e 80% de gasóleo [1].

1.4.2 Micro-emulsificação

A microemulsificação é outra abordagem para reduzir a viscosidade dos óleos vegetais. Uma microemulsificação é definida como uma dispersão de equilíbrio coloidal de uma microestrutura fluida opticamente isotópica com dimensões geralmente na gama de 1-150 nm, formada espontaneamente a partir de dois líquidos normalmente imiscíveis e um ou mais anfifílicos iónicos

[2]. Por outras palavras, as microemulsões são fluidos isotrópicos estáveis e claros com três componentes: uma fase oleosa, uma fase aquosa e um tensioativo. A fase aquosa pode conter sais ou outros ingredientes e o óleo pode ser constituído por uma mistura complexa de diferentes hidrocarbonetos e olefinas. Esta fase ternária pode melhorar as caraterísticas de pulverização através da vaporização explosiva dos constituintes de baixo ponto de ebulição nas micelas. Todas as microemulsões com butanol, hexanol e octanol cumprem os limites máximos de viscosidade para motores a gasóleo [3].

1.4.3 Fratura térmica

A pirólise é um método de conversão de uma substância noutra através do aquecimento ou do aquecimento com a ajuda de um catalisador na ausência de ar ou oxigénio [4]. Envolve a clivagem de ligações químicas para produzir pequenas moléculas [5]. O material utilizado para a pirólise pode ser óleos vegetais, gorduras animais, ácidos gordos naturais e ésteres metílicos de ácidos gordos. O combustível líquido produzido por este processo tem uma composição química quase idêntica à dos combustíveis diesel convencionais [6].

1.4.4 Transesterificação

A transesterificação, também designada por alcoólise, é uma reação química de um óleo ou gordura com um álcool na presença de um catalisador para formar ésteres e glicerol. Envolve uma sequência de três reacções reversíveis consecutivas em que os triglicéridos são convertidos em diglicéridos e, em seguida, os diglicéridos são convertidos em monoglicéridos, seguidos da conversão dos monoglicéridos em glicerol. Em cada etapa é produzido um éster, pelo que são produzidas três moléculas de éster a partir de uma molécula de triglicéridos [7]. Entre os álcoois que podem ser utilizados na reação de transesterificação encontram-se o metanol, o etanol, o propanol, o butanol e o álcool amílico. O metanol e o etanol são os mais frequentemente utilizados. No entanto, o metanol é preferido devido ao seu custo mais baixo. A Figura 1.1 mostra a reação de transesterificação de triglicéridos com álcool. Normalmente, é utilizado um catalisador para melhorar a velocidade e o rendimento da reação. Como a reação é reversível, o excesso de álcool é utilizado para deslocar o equilíbrio para o lado do produto. Também produz glicerol como subproduto, que tem algum valor comercial. Aqui R_1, R2, R3 são hidrocarbonetos de cadeia longa, por vezes designados por cadeias de ácidos gordos. Normalmente, existem cinco tipos principais de cadeias nos óleos vegetais e nos óleos animais: palmítico, esteárico, oleico, linoleico e linolénico.

A transesterificação é o processo mais viável adotado até à data para a redução da viscosidade e para a produção de biodiesel. Assim, o biodiesel é o éster alquílico de ácidos gordos, produzido pela transesterificação de óleos ou gorduras de plantas, utilizando álcool de cadeia curta, como o metanol e o etanol, na presença de um catalisador. A glicerina é, por conseguinte, um subproduto da produção de biodiesel. O biodiesel puro ou 100% biodiesel é designado por B100. Uma mistura de biodiesel é uma mistura de biodiesel puro com petro-diesel.

As misturas de biodiesel são designadas por BXX. O XX indica a quantidade de biodiesel na mistura (por exemplo, uma mistura B90 é 90% de biodiesel e 10% de petro-diesel).

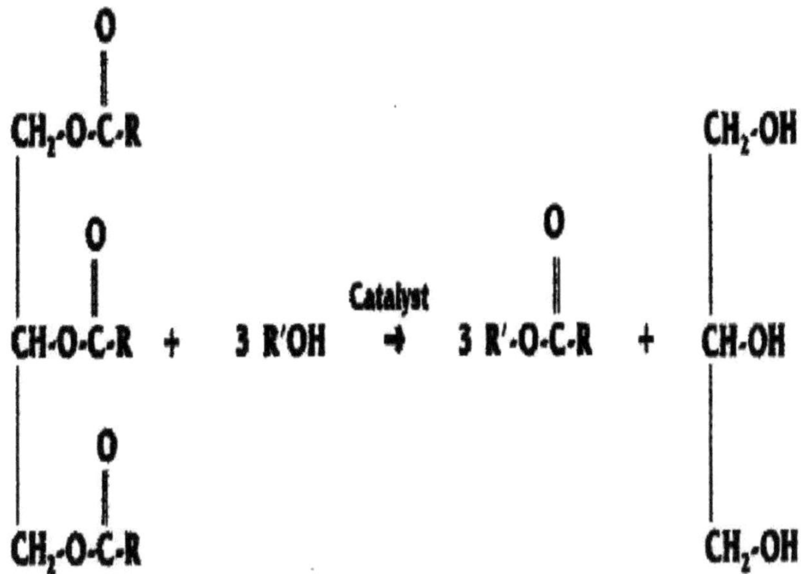

Triglycerides Alcohol Alkyl Ester Glycerol

(Vegetable oil) (Biodiesel)

Fig l.lReacções de transesterificação de triglicéridos com álcool 1.5Utilização de catalisadores na transesterificação

Estes são divididos em dois tipos: (a) Catalisador de base É basicamente utilizado para vegetais que contêm ácido gordo livre não superior a 2%. O KOH e o NaOH são preferidos como catalisadores de base.
(b) Catalisador ácido

É basicamente utilizado para vegetais que contêm mais de 2% de ácidos gordos livres. O ácido sulfúrico é preferido como catalisador ácido. Este procedimento é efectuado se o ácido gordo livre do substrato for elevado. A conversão do ácido gordo livre em ésteres de álcool é relativamente rápida. O processo com catalisador ácido necessita de um excesso de álcool e de uma grande quantidade de catalisador. Os catalisadores ácidos normalmente utilizados são o ácido sulfúrico e o ácido fosfórico. O sabão formado durante este processo é removido e o óleo restante está pronto para a catálise de base. Perde-se algum óleo durante este processo. O catalisador ácido pode ser utilizado para a esterificação direta. A reação é realizada durante uma hora e meia e deixada em repouso durante 24 horas.

1.6Farelo de arroz como biodiesel

A Índia é o segundo maior produtor de arroz do mundo, a seguir à China, com um potencial de cerca de 1 milhão de toneladas de óleo de farelo de arroz por ano. O farelo de arroz é um co-produto de baixo valor da moagem do arroz, que contém aproximadamente 15% a 23% de óleo. Atualmente, a indústria está a transformar cerca de 3,5 milhões de toneladas de farelo de arroz, o que leva a uma produção de cerca de 0,65 milhões de toneladas de óleo, podendo ser produzidos mais 0,33 milhões de toneladas através da modernização das fábricas de descasque de arroz e da instalação de refinarias de óleo de farelo de arroz. Este óleo não comestível continua a ser maioritariamente subutilizado. É produzida uma enorme quantidade de farelo de arroz, que é um resíduo agrícola. Tem um potencial significativo como matéria-prima alternativa de baixo custo para a produção de biodiesel.

O farelo de arroz é uma camada castanha presente entre o arroz e a casca exterior do arroz. O óleo de farelo de arroz é um importante derivado do arroz. Dependendo da variedade de arroz e do grau de moagem, o farelo contém 16-32% em peso de óleo. Cerca de 60-70% do óleo produzido a partir deste farelo é óleo não comestível, devido aos problemas atribuídos à estabilidade e armazenamento do farelo de arroz e à natureza dispersa da moagem do arroz. O óleo de farelo de arroz (RBO) é considerado um dos óleos mais nutritivos devido à sua composição favorável em ácidos gordos e à combinação única de compostos biologicamente activos e antioxidantes naturais [8]. O RBO tem sido difícil de refinar devido ao seu elevado teor de ácidos gordos livres (FFA), matéria não saponificável e cor escura [9]. A caraterização físico-química indicou que a viscosidade cinemática do éster metílico do óleo de farelo de arroz é próxima da do gasóleo e o seu CN (número de cetano) é também superior ao do gasóleo [10]. Conclui-se a partir do presente estudo experimental que as misturas de RBO e gasóleo podem ser utilizadas com sucesso em motores a gasóleo como combustível alternativo sem qualquer modificação no motor e é também amigo do ambiente de acordo com as normas de emissão.

1.7 Vantagens do biodiesel

- O biodiesel é renovável, energeticamente eficiente e pode ser utilizado na maioria dos motores a gasóleo sem modificações ou apenas com pequenas modificações.
- O biodiesel é amigo do ambiente devido à redução das emissões de HC, à redução do fumo, à redução das emissões de CO e à redução da produção de gases com efeito de estufa, uma vez que o equilíbrio entre a quantidade de CO2 emitida e a quantidade de CO2 absorvida pelas plantas que produzem o óleo vegetal é igual.
- Não contém enxofre.
- Derivação de recursos nacionais renováveis, reduzindo assim a dependência do petróleo.
- É biodegradável. Verificou-se que a sua taxa de degradação é quatro vezes superior à do gasóleo convencional. Na prática, isto significa que, em caso de derrame, a limpeza seria mais fácil.
- Redução da maior parte das emissões de gases de escape (com exceção dos óxidos de azoto, N0x).
- É também mais seguro e não tóxico. Tem um ponto de inflamação mais elevado do que o gasóleo convencional, o que permite um manuseamento e armazenamento mais seguros. A probabilidade de incêndios acidentais é menor.
- Excelente lubricidade, facto que tem vindo a ganhar importância com o aparecimento de produtos com baixo teor de enxofre.
- Combustíveis petro-diesel, que têm uma lubricidade muito reduzida. A adição de biodiesel a

níveis baixos (1-2%) restaura a lubricidade.

- O biodiesel pode ser fabricado utilizando a capacidade de produção industrial existente e, utilizado com equipamento convencional, oferece uma oportunidade substancial para abordar imediatamente as nossas questões de segurança energética [11].

1.8 Limitações do biodiesel

- O custo do biodiesel é o principal obstáculo à comercialização do produto.
- Aumenta as emissões de NO_x que contribuem para a formação de smog.
- Embora o biodiesel seja um solvente que ajuda a melhorar a lubrificação, os depósitos soltos dos componentes do motor a gasóleo convencional podem entupir o filtro de combustível. Este fator é mais óbvio quando o biodiesel substitui o diesel convencional no mesmo motor antigo, quando os depósitos anteriores podem soltar-se de repente. Por conseguinte, é aconselhável mudar o filtro de combustível pouco tempo depois da mudança para o biodiesel. Além disso, o biodiesel também decompõe os componentes de borracha.
- Nalguns motores, também se verificou uma ligeira diminuição da potência e um aumento do consumo de combustível. Em média, verifica-se uma redução de cerca de 10% na potência, o que significa cerca de 1,1

  litros de biodiesel equivaleriam a 1 litro de gasóleo convencional.
- Muito menos disponível. Na Índia, só recentemente foi criada uma empresa para fabricar biodiesel. Mesmo nos EUA, o biodiesel não é produzido em todos os estados e só está disponível nos pontos de venda designados. De acordo com o N.B.B. dos EUA, existem cerca de 100 frotas que utilizam biodiesel nesse país.

1.9 Objectivos do presente trabalho

O objetivo da investigação é estudar o desempenho e as caraterísticas das emissões de escape de um motor diesel de ignição por compressão quando alimentado com combustível diesel convencional, biodiesel de óleo de farelo de arroz e uma mistura de diesel e biodiesel de óleo de farelo de arroz.

1. Produção de biodiesel a partir de óleo de farelo de arroz e estudo das suas propriedades físico-químicas antes do ensaio em motor de ignição por compressão.

2. Estudar o desempenho e as caraterísticas das emissões de um motor diesel monocilíndrico utilizando diesel de base e misturas de biodiesel de farelo de arroz não comestível em condições de carga variável.

CAPÍTULO 2

REVISÃO DA LITERATURA

O principal objetivo desta revisão da literatura é fornecer informações sobre as questões a considerar nesta investigação e realçar a relevância do presente estudo. Foi efectuada uma pesquisa bibliográfica intensiva a partir de fontes disponíveis sobre a utilização de diferentes combustíveis alternativos, como o óleo vegetal e as suas misturas, o biodiesel e as suas misturas no motor diesel. Este capítulo contém, de forma resumida, uma descrição actualizada das actividades de investigação na área dos motores diesel que utilizam vários combustíveis. Muitos investigadores realizaram numerosos estudos para averiguar o efeito do tipo de combustíveis alternativos nos parâmetros de emissão como o monóxido de carbono (CO), hidrocarbonetos (HC), dióxido de carbono (CO2), óxido de azoto (N0x) e parâmetros de desempenho como a eficiência térmica do travão (BTE), o consumo específico de combustível do travão (BSFC), o consumo específico de energia do travão (BSEC), no motor diesel. Este capítulo inclui análises de relatórios de investigação disponíveis sobre:

Dorado et al. [12] relataram que a transesterificação não ocorreria se os óleos tivessem um teor de FFA superior a 3%.

Dorado et al. [13] verificaram que o rendimento em ésteres diminui ligeiramente acima da temperatura de reação de 5O°C. Isto pode provavelmente dever-se a uma interação negativa entre a temperatura e a concentração do catalisador devido à reação secundária de saponificação. A temperatura elevada do processo tende a acelerar a saponificação dos triglicéridos pelo catalisador alcalino antes da conclusão da transesterificação.

Sukumar et al. [14] realizaram uma experiência num motor diesel de injeção direta a 4 tempos utilizando ésteres metílicos de óleo de mahua e concluíram que o desempenho do motor com ésteres de óleo de mahua não difere muito do desempenho do motor a gasóleo. O óleo vegetal foi utilizado como combustível alternativo para o motor diesel.

Siti Z. et al. [15] estudaram o efeito da temperatura, da humidade e do tempo de armazenamento na acumulação de ácidos gordos livres no óleo de farelo de arroz e mostraram que mais de 98% de FAME no produto podem ser obtidos em menos de 8 horas através da reação de metanólise em duas fases.

Mustafa et al. [16] referiram que os óleos vegetais têm as suas próprias vantagens, uma vez que estão disponíveis em todo o lado, são renováveis e mais ecológicos. No entanto, a sua utilização direta no motor diesel cria alguns problemas de hardware e de durabilidade do motor num ensaio a longo prazo, de acordo com a literatura. Assim, o método mais comummente utilizado para tornar o óleo vegetal adequado para utilização em motores de ignição por compressão é convertê-lo em biodiesel. A Índia tem potencial para ser um dos principais produtores mundiais de biodiesel, uma vez que o biodiesel pode ser colhido e obtido a partir de óleos não comestíveis como Jatropha Curcas, Pongamia Pinnata, Neem, Mahua, Castor, Linhaça, Farelo de arroz, Kusum, etc., que podem efetivamente substituir o combustível para motores diesel. Assim, o biodiesel (B.D.) está a receber uma atenção crescente na Índia, uma vez que pode ser utilizado como um combustível diesel alternativo, não tóxico, biodegradável e renovável.

Zullaikah [17] investigou a metanólise catalisada por ácido em duas etapas para óleo de farelo de arroz com alto teor de FFA. Obtiveram 96% de conversão em éster metílico em 8 horas de reação.

Lang et al. [18] sintetizaram ésteres metílicos de canola (CME), ésteres metílicos de colza (RME), ésteres metílicos de linhaça (LME) e ésteres metílicos de girassol (SME) num reator de tipo descontínuo, utilizando hidróxido de potássio e hidróxido de sódio como catalisadores e mantendo uma razão molar de 6:1. Foi relatado que, num processo de fase única comummente utilizado, é necessário um período de 1 hora para atingir 98% de conversão de óleo de colza em éster metílico de colza.

Van Gerpan [19] relatou que a reação pode ser catalisada com um catalisador alcalino até cerca de 5% de teor de AGL do óleo vegetal.

Balusamyet al. [20] investigaram o éster metílico do óleo de semente de Thevetiaperuviana (TPSO) e misturaram-no com gasóleo, tendo sido testado num motor diesel monocilíndrico naturalmente aspirado à velocidade nominal de 1500 rpm.

Sundarapandian et al. [21] relataram que, após a esterificação do óleo vegetal, a sua densidade, viscosidade, número de cetano, valor calorífico, taxa de atomização e vaporização, peso molecular e distância de penetração do spray de combustível são melhorados. Foram desenvolvidos vários processos para a produção de combustível biodiesel, entre os quais a transesterificação utilizando a catálise alcalina proporciona elevados níveis de conversão de triglicéridos nos seus ésteres metílicos correspondentes em tempos de reação curtos.

Subramani et al. [22] referiram que o óleo de farelo de arroz bruto (CRBO) com um teor mais elevado (mais de 3%) de ácidos gordos livres (FFA) não é adequado para fins alimentares. Sendo o segundo maior produtor de arroz do mundo, a Índia tem um grande potencial para produzir óleo de farelo de arroz, que não requer qualquer cultivo especial, uma vez que é um bi-produto do processo de moagem do arroz. É obtido através do polimento do grão de arroz e contém 15-23% de lípidos, pelo que, se os subprodutos forem derivados do óleo de farelo de arroz bruto e os óleos resultantes utilizados como matéria-prima para a produção de biodiesel, o biodiesel resultante poderá ser bastante económico e acessível. Além disso, os ésteres metílicos dos óleos de farelo de arroz não requerem qualquer modificação do equipamento do motor existente.

Singh et al. [23] relatou que, apesar de uma produção anual de 91 MMT de grãos de arroz com um potencial teórico de 1,2 MMT de óleo de farelo de arroz, a produção estimada foi de apenas 0,7 MMT em 2004-05, de acordo com a Solvent Extractors Association of India. Se 80% do óleo de farelo de arroz for utilizado na extração de óleo, poderão estar disponíveis mais 0,5 MMT de óleo de farelo de arroz para substituir 10% do gasóleo no sector agrícola da Índia.

Agarwal D. et al. [24] concluíram que o processo de transesterificação é considerado um método eficaz para reduzir a viscosidade dos óleos vegetais e eliminar problemas operacionais e de durabilidade após a avaliação das caraterísticas de desempenho e de emissões do óleo de linhaça, do óleo de mahua, do óleo de farelo de arroz e do éster metílico do óleo de linhaça (LOME) num motor diesel.

Sinha S. et al. [25] investigaram o processo de transesterificação com o objetivo de produzir biodiesel de alta qualidade a partir de óleo de farelo de arroz, optimizando várias variáveis do processo como a temperatura, a concentração do catalisador, a quantidade de metanol e o tempo de reação. As condições óptimas foram encontradas a 55 ° C de temperatura de reação, 1 h de tempo de reação, razão molar 9:1 e 0,75% de catalisador (w/w) para produzir o máximo de biodiesel. Para a transesterificação, 1 litro de óleo de farelo de arroz foi aquecido a 65^0C num balão de fundo redondo. O catalisador (K0H/NaOH-O.5% w/w de óleo) foi dissolvido em álcool metílico (270 ml), e este foi vertido no balão de fundo redondo contendo o óleo de farelo de arroz aquecido enquanto se agitava a mistura continuamente.

Syed S. et al. [26] analisaram a produção de biodiesel, a combustão, as emissões e o desempenho de vários tipos de óleos vegetais.

Saravanan S. et al. [27] tentaram testar a viabilidade da produção de biodiesel (CRBME) a partir de óleo de farelo de arroz bruto (CRBO) com elevado teor de ácidos gordos livres (FFA) através de um processo de transesterificação em duas fases e os resultados experimentais mostraram que a mistura CRBME reduziu significativamente as emissões de CO, UBHC e partículas em relação ao gasóleo, com um aumento marginal das emissões de NO_x.

Kandasamy et al. [28] analisaram as caraterísticas de desempenho de um motor a gasóleo monocilíndrico que utiliza óleo de bagaço de azeitona misturado com gasóleo. A partir da revisão da literatura acima referida, tiram-se as seguintes conclusões importantes

Lin L. et al. [29] obtiveram resultados em que as condições óptimas foram encontradas a 60 ° C de temperatura de reação, 60 min. tempo de reação, 6:1 razão molar e 0,9% KOH (w/w) para produzir o máximo de biodiesel.

Venkata G. et al. [30] estudaram a mistura de biodiesel de óleo de farelo de arroz com etanol em misturas de 2,5%, 5% e 7,5% no motor diesel de injeção direta (DI) e mostraram que 2,5% de etanol misturado com biodiesel podia melhorar o desempenho e reduzir as emissões do motor diesel.

DhanesekaranK, DharmendiraM [31] optimizaram os parâmetros: razão molar 6:1, 1,0 wt. % de catalisador, 6O° temperaturas, com 120 min de tempo de reação. Para a transesterificação, o metanol é a melhor escolha de álcool porque a sua solubilidade é superior à de outros álcoois.

Ragu R, Ramadoss G [32] observaram que a viscosidade do óleo de farelo de arroz é igual à do gasóleo quando aquecido a 58^0 c.

SivakumarP, Ranganathan S [33] o rendimento optimizado de 95,4 wt. % do óleo de S. Foetida foi alcançado a 6:1, 0,9 wt.% e 65^0c. para o óleo de C. Pentandra 1,1 wt.% de KOH, 6:1 metanol para o rácio molar do óleo, 65^0 c e tempo de reação 45 min. Os parâmetros optimizados foram 0,05 wt.% de catalisador, 15g de metanol, 65^0 c de reação temp, 600 rpm de taxa de agitação, 50 min de tempo de reação e 30 g de THF (tetra hidro furano) para 10 g de óleo de semente de P. Americana. Americana.

Prabhakar M, Sendilivelan, S [34] concluíram que 20% de éster metílico de Pongamia com um motor de pistão revestido de TiO2 proporcionou um melhor desempenho e uma redução considerável das emissões de gases de escape, tendo também melhorado as propriedades de combustão.

Malikarjun M, V Rao, Lakshmi Narayana G [35] retardou o tempo de injeção, o que resulta na redução do N0x e a recirculação dos gases de escape EGR é utilizada para o mesmo.

Mohammed Nasrullah, K. Rajagopal [36] inicialmente uma mistura de 15% de etanol 85% de diesel é considerada e misturada com Ito 3% de aditivo e experimentada no motor de teste. A investigação conclui que 2% do aditivo THF (tetra hidro furano), TNM (tetra nitro metano) em que de dois THF foi encontrado para ser mais ideal e segunda mistura de biodiesel e etanol foram tentados e identificou que 80% de biodiesel e 20% de etanol foi ideal.

Boro, Jutika Deka et al. [37] referiram que, para aumentar a atividade catalítica do catalisador de base, este foi dopado com Li. O resultado indicou que a basicidade do catalisador aumentou com o aumento da quantidade de Li, o que, por sua vez, influenciou a atividade catalítica.

Panigarhi, nabnit [38] realizou uma experiência num motor diesel de velocidade constante utilizando óleos de árvores neam, mahua, polanga e simarouba. As propriedades dos combustíveis das amostras foram determinadas e verificou-se que cumpriam os requisitos das normas americanas, europeias e indianas para o biodiesel. O BTE máximo foi observado em misturas B20 em todos os combustíveis testados.

2.1 Observações finais da revisão da literatura

Os trabalhos anteriores revelam que foram utilizados ésteres de óleos comestíveis e não comestíveis, como soja, honge, Jatropha, gordura amarela e óleo de mahua, em vez de gasóleo em motores a gasóleo monocilíndricos e pesados. Até à data, foram testados muito poucos tipos de óleo vegetal em motores de ignição por compressão. A Índia tem um dos maiores potenciais de produção de biocombustíveis a partir de óleo de farelo de arroz. Por conseguinte, é necessário identificar novos tipos de biodiesel, como o biodiesel de óleo de farelo de arroz, e examinar a sua adequação como combustível alternativo em motores a gasóleo de um cilindro a 4 tempos.

- A partir desta revisão da literatura, foram realizados muitos trabalhos sobre a otimização da produção de biodiesel de farelo de arroz.
- Não foi efectuado qualquer trabalho de CFD.
- Uma grande variedade de óleos vegetais não comestíveis e o seu biodiesel, como o óleo de Jatropha e o óleo de Neem, têm sido utilizados por muitos investigadores. Não há registo de trabalhos sobre misturas de biodiesel de óleo de farelo de arroz.
- A análise energética pormenorizada do biodiesel ainda não foi estudada.

Tendo em conta a necessidade atual de combustíveis alternativos e a fácil compatibilidade do biodiesel em motores de ignição por compressão, o estudo foi realizado para analisar o desempenho de um motor de ignição por compressão alimentado a biodiesel. Para além disso, a disponibilidade abundante de óleo de farelo de arroz influenciou o estudo.

CAPÍTULO 3

MATERIAIS E METODOLOGIA

Neste trabalho, o biodiesel de óleo de farelo de arroz é produzido a partir de óleo bruto. As propriedades do biodiesel foram verificadas. As misturas B20, B40 e B60 foram testadas no motor. Os parâmetros de desempenho e as caraterísticas de emissão das misturas foram verificados num motor diesel de um cilindro em diferentes condições de carga e comparados com o diesel.

3.1 Metodologia

O trabalho proposto pode ser dividido nas seguintes etapas

1. Produção de biodiesel.
2. Ensaio das propriedades do biodiesel.
3. Mistura de biodiesel com gasóleo de petróleo.
4. Instalação experimental

3.2 Influência dos diferentes parâmetros na produção de biodiesel

A transesterificação é uma reação de equilíbrio e a transformação ocorre essencialmente pela mistura dos reagentes. No entanto, a presença de um catalisador (normalmente um ácido ou uma base forte) acelera consideravelmente o ajuste do equilíbrio. Para se obter um rendimento elevado do éster, o álcool tem de ser utilizado em excesso. As várias variáveis do processo, como a temperatura, a concentração do catalisador, a quantidade de metanol e o tempo de reação, foram optimizadas com o objetivo de produzir biodiesel de óleo de farelo de arroz de alta qualidade com um rendimento máximo.

Os seguintes parâmetros têm um grande impacto na produção de biodiesel.

1. Razão molar
2. Temperatura de reação
3. Teor de água e de ácidos gordos livres

4. Concentração do catalisador

5. Tempo de reação

3.3 Produção de biodiesel a partir de óleo de farelo de arroz em bruto

3.3.1 AGL: Ácidos gordos livres

Uma vez que os AGL podem causar saponificação em vez de produção de biodiesel, é importante conhecer o teor de AGL num lote de óleo e saber se é necessário adotar medidas para reduzir o teor para obter êxito no processo de transesterificação. O teor de AGL pode ser obtido através da utilização de uma titulação.

3.3.2 Cálculo do teor de ácidos gordos livres no óleo de farelo de arroz:

Procedimento:

1. Formação de uma solução 0,1N de KOH
   i. Tomar 50 ml de água destilada.
   ii. Foram-lhe adicionados 2,80582gm de KOH.
   iii. Foram adicionados 450 ml de água à solução formada acima para formar uma solução 0,1 N de KOH.
2. Titulação

i. Encher a bureta com uma solução 0. IN de KOH.

ii. Colocam-se 10 ml de etanol num erlenmeyer separado e adicionam-se 3 gotas de fenilfenoptileno, que funciona como indicador.

iii. O fluxo da solução 0,1N de KOH através da bureta foi interrompido num erlenmeyer contendo etanol e a mistura indicadora até a cor da solução ficar rosa. Isto significa que o etanol foi neutralizado.

iv. Foi adicionado 1,5 g de amostra de óleo de farelo de arroz para neutralizar o etanol.

v. Repetiu-se novamente o processo de titulação. As leituras inicial e final foram registadas na bureta.

$$\% \text{ FFA} = \frac{28.2 \times 0.1 \times 1}{1.5}$$

Composição normal da solução= 0,1N

Leitura da bureta =lml

Tamanho da amostra = 1,5gm

rácio molar = 28,2

FFA= 1,86%

Assim, a percentagem de AGL era inferior a 2, pelo que se procedeu à transesterificação de base.

3.4 Processo de transesterificação

No presente trabalho, a transesterificação catalisada por bases (catalisador: KOH, NaOH) é utilizada para preparar biodiesel a partir de óleo de farelo de arroz. Para a transesterificação, 1 litro de óleo de farelo de arroz foi aquecido a 65^0C num balão de fundo redondo. O catalisador (KOH/NaOH-O.5% w/w de óleo) foi dissolvido em álcool metílico (270 ml), e este foi vertido no balão de fundo redondo contendo o óleo de farelo de arroz aquecido enquanto se agitava a mistura continuamente [25]. O álcool (metanol) e o catalisador (NaOH) são misturados cuidadosamente [39]. O óleo de farelo de arroz é então adicionado à mistura e a agitação é efectuada continuamente a 55^0C durante uma hora [40]. Toda a mistura é arrefecida e deixada a repousar durante 24 horas [41]. Foram optimizadas diferentes proporções molares de óleo de farelo de arroz para metanol e % de catalisador (w/w óleo).

Procedimento

1. Colocam-se 500 ml de amostra de óleo num copo. A amostra de óleo foi aquecida a 55^0C.

2. Adicionou-se 135 ml de metanol a um balão diferente e 2,5 g de NaOH. Tapar o frasco e agitar constantemente até à mistura adequada da solução de metóxido num agitador magnético.

3. Foi utilizado um agitador elétrico (reator de biodiesel) para a reação da solução de óxido de metanol e do óleo a uma temperatura constante de 55^0Cat a uma velocidade constante durante uma hora.

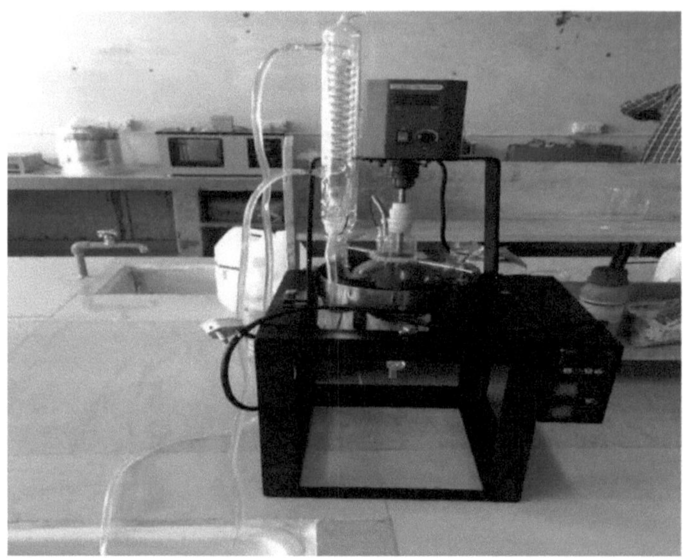

Fig 3.1 Reator de biodiesel

3.5 Separação do biodiesel

O produto foi então deixado assentar durante a noite para produzir duas fases líquidas distintas: a fase de éster bruto na parte superior e a fase de glicerol na parte inferior. O glicerol foi separado utilizando uma ampola de decantação [42].

Fig 3.2 Biodiesel em funil de separação

Foi utilizado um separador de gravidade para separar o biodiesel e o glicerol. O óleo obtido da reação foi vertido no separador de gravidade durante 24 horas.

3.6 Purificação do biodiesel

3.6.1 Lavagem com água

A lavagem com água do biodiesel assim produzido é essencial para remover as impurezas e o catalisador residual, que podem ser prejudiciais para os motores de combustão.

O éster bruto foi separado do glicerol utilizando uma ampola de decantação. O éster metílico bruto contendo excesso de álcool, sabão e glicerol foi lavado com água cinco vezes a quantidade de biodiesel bruto, para que as moléculas se movam livremente e se separem fácil e rapidamente. Foi purificado por lavagem com água destilada para remover todos os subprodutos residuais [43]. A lavagem com água foi efectuada 3-4 vezes para remover a glicerina do biodiesel.

Na lavagem com água, a água foi aquecida até 7O°C e depois adicionada ao biodiesel num separador por gravidade. A mistura de biodiesel bruto e água foi agitada cuidadosamente durante 1 minuto e colocada em pé numa ampola de decantação para permitir a separação das camadas de biodiesel e água. Foi dado um intervalo de 24 horas entre as lavagens seguintes.

Fig 3.3 Lavagem do biodiesel com água

3.6.2 Aquecimento do biodiesel

O biodiesel foi aquecido acima de 100^0C para remoção do conteúdo de água e metanol após o processo de lavagem.

Fig 3.4 Aquecimento do biodiesel

3.7Cálculo do rendimento do petróleo

Óleo de farelo de arroz cru utilizado = 500ml

Biodiesel obtido após transesterificação =496 ml (sem lavagem)

Rendimento = 99,2 % (sem lavagem)

Biodiesel obtido após lavagem com água=456 ml

Rendimento = 92%

3.8 Instalação experimental para o ensaio das propriedades do biodiesel

As especificações do óleo de farelo de arroz, do éster metílico do óleo de farelo de arroz e do gasóleo mineral foram testadas em termos de densidade, viscosidade cinemática a 4O°C (cSt), com um medidor de viscosidade. O ponto de inflamação e o ponto de fogo foram medidos pelo aparelho de ponto de inflamação de Abel e o valor calorífico do biodiesel foi determinado pelo calorímetro de bomba. O ponto de nuvem e o ponto de fluidez foram medidos com o aparelho de ponto de nuvem e ponto de fluidez.

1. Viscosidade cinemática

2. Ponto de nuvem

3. Ponto de escoamento

4. Ponto de inflamação

5.Ponto de incêndio

6. Poder calorífico

3.9 Viscosidade do biodiesel

A viscosidade, que é uma medida da resistência ao fluxo de um líquido devido à fricção interna de uma parte de um fluido que se move sobre outra, afecta a atomização de um combustível após a injeção na câmara de combustão e, por conseguinte, em última análise, a formação de depósitos no motor. Quanto maior for a viscosidade, maior é a tendência do combustível para causar esse problema. A viscosidade do óleo transesterificado, ou seja, o biodiesel, é cerca de uma ordem de grandeza inferior à do óleo de origem.

Limites e método: a viscosidade cinemática é medida de acordo com a norma ASTM D-445, sendo limitado a 1,9-6,0 mm^{2}s'^{1}

3.9.1 Cálculo da viscosidade cinemática do éster metílico do óleo de farelo de arroz

<u>**Procedimento**</u>

1. Peso da garrafa vazia de gravidade específica mi = 23,62gm

2. Peso da garrafa de gravidade específica com água m2 = 48,48gm

3. Peso da garrafa de gravidade específica com óleo m3 = 44,55gm

4. Colocar agora a amostra de óleo no viscosímetro. Anotar o tempo tı que o óleo demora a passar pelo bolbo do viscosímetro.

5. Colocar agora a amostra de água no viscosímetro. Anote o tempo t2 que a água demora a passar pelo bolbo do viscosímetro.

Fig 3.5, aparelho de ensaio de viscosidade

$$d_1 = \frac{m_3 - m_1}{m_2 - m_1} = \frac{44.55 - 23.65}{48.48 - 23.65} = 0.8417$$

$$\eta_1 = \frac{\eta_2 d_1 t_1}{d_2 t_2}$$

$$\eta_1 = \frac{12.61 \times 10^{-1} \times 0.841 \times 161}{0.996232 \times 61}$$

$$\eta_1 = 2.94$$

3.10Propriedades do fluxo a baixa temperatura

3.10.1 Ponto de nuvem

A CP é a temperatura a que uma amostra do combustível começa a ficar turva, indicando que se começaram a formar cristais de cera que podem entupir os tubos e filtros de combustível no sistema de combustível de um veículo.

Limites e métodos: O CP é medido de acordo com as normas ASTM D-6751 e ASTM D-2500, utilizando o aparelho **CP**. Os limites não são indicados devido à variação das condições climatéricas nos diferentes países.

3.10.2Ponto de fluidez

O PP é definido como a temperatura à qual o combustível deixa de fluir. A cessação do fluxo resulta de um aumento da viscosidade ou da cristalização da cera do óleo.

Limites e métodos: é medido de acordo com as normas ASTM D-6751 e ASTM D-97, utilizando o aparelho PP. Na determinação do PP, a amostra é arrefecida num tubo de vidro nas condições prescritas e inspeccionada a intervalos de 3^0C até deixar de se mover quando a superfície é mantida verticalmente durante 65 segundos; o PP é então considerado como 3^0C acima da temperatura de cessação do fluxo.

3.10.3 Cálculo do ponto de nuvem, ponto de fluidez, utilizando o aparelho de ponto de fluidez de ponto de nuvem

Procedimento

1. Encher o aparelho de ponto nuvem com cubos de gelo

2. Quatro tubos com diferentes amostras de óleos colocados entre cubos de gelo totalmente cheios no aparelho.

3. O gasóleo, o RBOME com NaOH, o KOH e o RBO foram colocados em tubos. Observou-se que o tamanho da amostra era de 33 ml.

4. As amostras foram controladas com um intervalo de 20 minutos.

5. Foram observados cristais de cera em diferentes amostras a diferentes temperaturas, conforme indicado abaixo.

Tabela 3.1Ponto de Nuvem, Pontos de Fluidez de Diferentes Óleos

Samples	Cloud point^{0}c	Pour point^{0}c
DIESEL	3	-7
RBO	12	7
RBOME(NAOH)	7	2
RBOME(KOH)	4	-1

Fig 3.6 Ponto de nuvem, aparelho de ponto de fluidez

3.11Ponto de inflamação

O ponto de inflamação é definido como a temperatura mais baixa a que um combustível liberta vapores suficientes que, quando misturados com o ar, se inflamam momentaneamente. O ponto de inflamação do biodiesel é utilizado como mecanismo para limitar o nível de álcool não reagido que permanece no combustível acabado. É também importante para as precauções de segurança envolvidas no manuseamento e armazenamento do combustível.

Limites e métodos: o ponto de inflamação é medido de acordo com a norma ASTM D-93 e os limites variam entre 93^{0}C e 13O°C se o metanol não for medido diretamente.

3.11.1 Cálculo do ponto de inflamação e do ponto de inflamação com um aparelho de ponto de inflamação e ponto de inflamação

1. A dimensão da amostra foi utilizada no processo 73ml.
2. Foi utilizado óleo de rícino em vez de água porque o óleo de rícino tem um ponto de ebulição mais elevado para efeitos de aquecimento.
3. Os vapores foram verificados a intervalos regulares.

4. A 186^{0}C observam-se vapores instantâneos.

Ponto de inflamação = 186^{0}C

Ponto de inflamação = 192^{0}C

Fig 3.7Able's ponto de inflamação, aparelho de ponto de fogo

3.12 Poder calorífico

O calor de combustão ou o poder calorífico de um combustível é uma medida importante, uma vez que é o calor produzido pelo combustível no interior do motor que permite ao motor efetuar o trabalho útil. O calor de combustão bruto das amostras de combustível foi determinado com a ajuda de um calorímetro isotérmico de bomba da marca Widson scientific works. Uma amostra de combustível de 1 ml foi queimada na bomba do calorímetro na presença de oxigénio puro. A amostra foi inflamada eletricamente. À medida que o calor era produzido, o aumento da temperatura era medido. O equivalente de água (capacidade calorífica efectiva do calorímetro) foi também determinado utilizando ácido benzoico puro e seco como combustível de ensaio. Cada amostra foi repetida três vezes. O combustível deve ter um elevado poder calorífico.

3.12.1 Cálculo do poder calorífico do petróleo utilizando um calorímetro de bomba

Procedimento

3.12.2Cálculo do equivalente de água

I. Foram recolhidos 0,990 g de paletes de ácido benzoico.

II. Foi utilizada uma máquina de formação de cápsulas.

III. A cápsula foi colocada num cadinho.

IV. Para completar o circuito, foi utilizado um fio de nicrómio. Este foi ligado em ranhuras em ambas as extremidades.

V. O fio foi colado no centro do fio e uma extremidade do fio foi ligada ao cadinho.

VI. O oxigénio medicinal foi introduzido na bomba a 200 psi com muito cuidado.

VII. A bomba foi recolhida cuidadosamente e colocada no recipiente do aparelho de calorimetria de bombas, que foi enchido com 2000 ml de água destilada.

VIII. Foi utilizado um agitador para uniformizar a temperatura da água.

IX. Todas as ligações dos fios foram efectuadas.

X. O termopar estava ligado.

XI. Após 7 minutos, o zero foi ajustado no registador e o botão de disparo foi acionado.

XII. O aumento da temperatura foi registado durante os 22 minutos seguintes ao incêndio.

XIII. 2,6O°C foi o aumento da temperatura.

Eι = Peso do fio de nicrómio = 2,8 mg

E2= fio de algodão = 0,07gm

H = poder calorífico do ácido benzoico = 6319cal/g

$$H = \frac{(weight\ of\ water\ (ml) + W) \times temp^0c}{weight\ of\ sample(g)} - (E1 + E_2)$$

$$6319cal/g = \frac{(2000\ (ml) + W) \times 2.60^0c}{0.990(g)} - (2.8mg + 70mg)$$

Equivalente de água (W) = 455cal/C^0

Assim, o equivalente de água foi derivado acima. Assim, foi utilizado para a amostra de gasóleo. O mesmo processo foi repetido para o gasóleo em vez do ácido benzoico. Ao repetir todo o processo para o óleo que substitui o ácido benzoico, o cadinho foi enchido com gasóleo.

O aumento da temperatura para o gasóleo foi de 2,38^0 C.

3.12.3 Poder calorífico do gasóleo

Peso da amostra de gasóleo = 0,50gm

E_1 = Peso do fio de nicrómio = 2,8 mg

E_2= fio de algodão = 0,07gm

H = poder calorífico do gasóleo.

W = equivalente de água calculado acima = 455cal/c^0

$$H = \frac{(weight\ of\ water\ (ml) + W) \times temp^0c}{weight\ of\ sample(g)} - (E_1 + E_2)$$

$$H = \frac{(2000\ (ml) + 455) \times 2.38^0c}{0.50(g)} - (2.8mg + 70mg)$$

H= 11748Kcal/Kg

H = 11748×0.0041868

H = 48MJ

3.12.4 Poder Calorífico da Amostra de Biodiesel (Catalisador NaOH)

Peso da amostra de biodiesel = 0,50gm

E_1 = Peso do fio de nicrómio = 2,8 mg

E_2= Fio de algodão = 0,07gm

H = poder calorífico do biodiesel.

W = equivalente de água calculado acima = 455cal/C^0

$$H = \frac{(weight\ of\ water\ (ml)+W)\times temp^0c}{weight\ of\ sample(g)} - (E1+ E_2)$$

H = 40,5MJ

3.12.5 Poder calorífico da amostra de biodiesel (catalisador KOH)

Peso da amostra de biodiesel = 0,50gm

E_1 = Peso do fio de nicrómio = 2,8 mg

E_2= Fio de algodão = 0,07gm

H = poder calorífico do biodiesel.

W = equivalente de água calculado acima = 455cal/C^0

$$H = \frac{(weight\ of\ water\ (ml)+W)\times temp^0c}{weight\ of\ sample(g)} - (E1+ E_2)$$

H = 40MJ

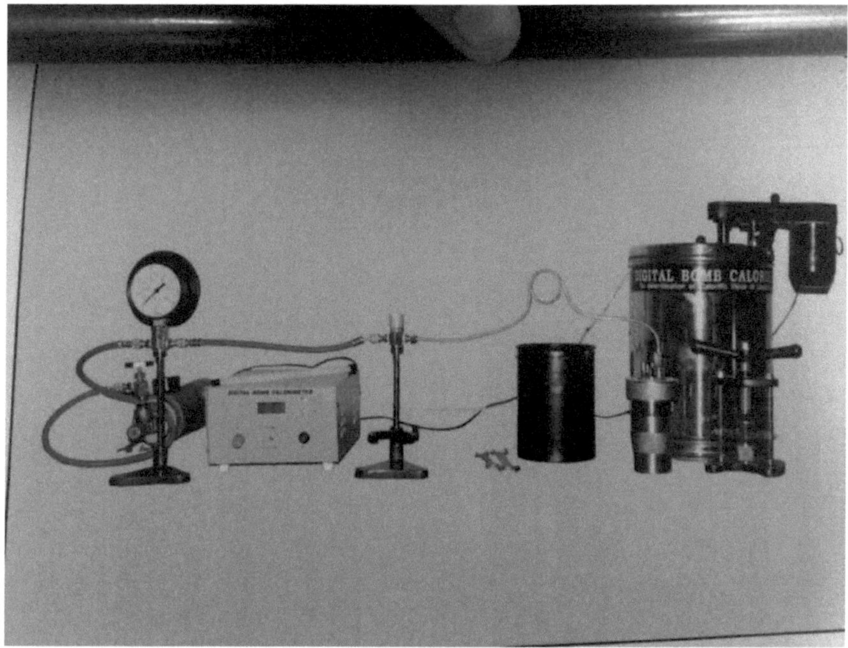

Fig 3.8 Calorímetro digital de bomba

Tabela 3.2 Valores Caloríficos de Diferentes Combustíveis

Oil Samples	**CalorificValue**
Diesel	42.6
RBOME(NaOH)	40.5
RBOME(KOH)	40

Tabela 3.3Tabela de propriedades de diferentes combustíveis

Property	Test procedures	Diesel	Rice bran oil	RBOME (NaOH)	RBOME (KOH)
Specific gravity @ 30^0		0.839	0.92	0.83	0.83
Kinematic Viscosity @ 40^0C (cSt)	ASTM D445	2.4	43.52	2.94	2.22
Cloud Point (^{0}C)	ASTM D2500	6	12	7	4
Pour Point (^{0}C)		-7	7	2	-1
Flash Point (^{0}C)	ASTM D93	68	316	186	192
Fire Point (^{0}C)		103	337	192	198
Calorific Value (MJ/kg)	ASTM D 240	42.6	39.5	40.5	40

3.13 Mistura de biodiesel com gasóleo rodoviário

1. B20 (gasóleo 80% + biodiesel 20%),

2. B40 (gasóleo 60%+ biodiesel 40%), 3. B60 (gasóleo 40%+ biodiesel 60%)

3.14 Instalação experimental para o ensaio de desempenho do motor

Para o presente estudo, foi utilizado um motor diesel FC Dod a quatro tempos, monocilíndrico. Foi utilizado um analisador de cinco gases para medir a concentração de emissões gasosas, tais como hidrocarbonetos não queimados, monóxido de carbono, dióxido de carbono e nível de oxigénio. Os ensaios de desempenho e de emissões são efectuados no motor C.I. utilizando várias misturas de gasóleo e biodiesel como combustíveis. Em primeiro lugar, a experiência foi realizada com gasóleo (para obter os dados de base do motor) e, em seguida, foram efectuadas misturas de diferentes volumes percentuais de biodiesel B20, B40, B60. O desempenho do motor é avaliado em termos de potência de travagem, consumo específico de combustível de travagem, consumo específico de energia de travagem, eficiência térmica de travagem e emissões do motor (HC, CO, CO2, O2 e lambda) e temperatura dos gases de escape. O consumo de combustível de um motor é medido através da determinação do tempo necessário para o consumo de um determinado volume de combustível utilizando uma bureta de vidro. A massa de combustível foi calculada multiplicando o consumo volumétrico de combustível pela sua densidade. Utilizou-se uma caixa de ar com um medidor de orifício e um manómetro para a medição volumétrica exacta do consumo de ar e, finalmente, determinou-se o caudal mássico.

3.14.1 Banco de carga

Um banco de cargas é um dispositivo que desenvolve uma carga eléctrica, aplica a carga a uma fonte de energia eléctrica e converte ou dissipa a potência de saída resultante da fonte. O objetivo de um banco de carga é imitar com precisão a carga operacional ou "real" que uma fonte de energia verá na aplicação real. O banco de carga de 5 KW foi utilizado na configuração.

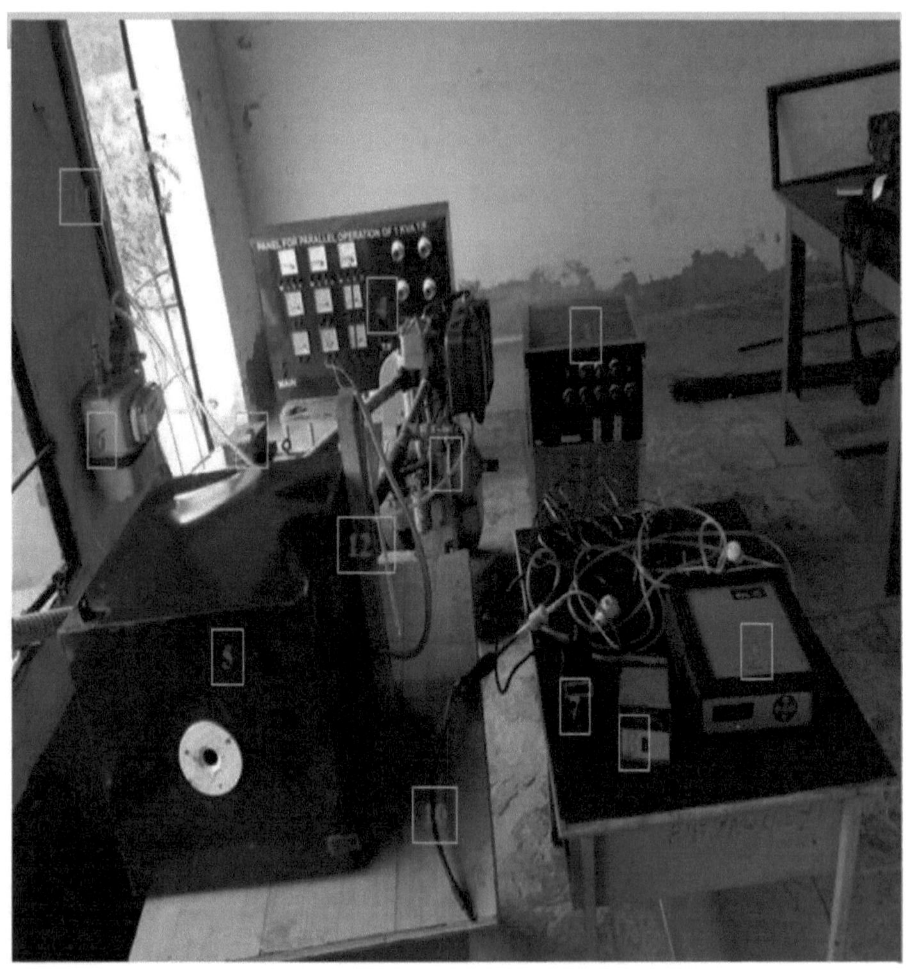

Fig 3.9 Fotografia direta da instalação experimental

Legenda: 1. Motor. 2. Dínamo. 3. Banco de cargas resistivas. 4. Painel de controlo elétrico. 5. Depósito de sobretensão de ar. 6.

Medidor de caudal de biogás. 7. Tacómetro digital. 8. Termopar de temperatura dos gases de escape. 9. Analisador de gases de escape AVL. 10. Sonda. 11. Bureta de medição do combustível. 12. Manómetro de tubo em U

Quadro 3.4 Especificação do motor

Parameters	Specifications
Engine	Fc Dod
Stroke Length	110mm
No Of Strokes	4
Cylinder Diameter	102mm
No Of Cylinder	1
Cooling Media	Air Cooled
Rated Capacity	6kw
Fuel	Diesel

3.15 parâmetros de desempenho

3.15.1 Potência de travagem

É definida como a potência de saída produzida pelo motor. A potência de travagem é um dos parâmetros mais importantes na experiência do motor. É sempre inferior à potência indicada. É expressa em termos de kW.

3.15.2 Consumo específico de combustível nos travões

Define-se como o caudal de combustível por unidade de potência. É uma medida da eficiência do motor na utilização do combustível fornecido para produzir trabalho. É desejável obter um valor mais baixo de BSFC, o que significa que o motor utilizou menos combustível para produzir a mesma quantidade de trabalho. Este é um dos parâmetros mais importantes a comparar quando se testam vários combustíveis. É expresso em Kg/KWh.

3.15.3 Consumo específico de energia dos travões

É o produto do BSFC e do poder calorífico inferior do combustível. É desejável obter um valor mais baixo de BSEC, o que significa que o menor consumo de energia do combustível para produzir a mesma quantidade de trabalho. É expresso em MJ/KWh.

3.15.4 Eficiência térmica do travão

É o rácio entre a potência térmica disponível no combustível e a potência que o motor fornece à cambota. Depende muito da forma como a energia é convertida, uma vez que a eficiência é normalizada com o valor de aquecimento do combustível.

CAPÍTULO 4

RESULTADOS E DISCUSSÃO

Os ensaios de desempenho e de emissões são efectuados no motor C.I. utilizando várias misturas de diesel e biodiesel como combustíveis. Em primeiro lugar, a experimentação foi realizada com gasóleo (para obter os dados de base do motor) e, em seguida, foram efectuadas misturas de diferentes volumes percentuais de biodiesel B20, B40, B60. O desempenho do motor é avaliado em termos de potência do travão, consumo específico de combustível do travão, consumo específico de energia do travão e eficiência térmica do travão. As emissões do motor são analisadas (HC, CO, CO2, O2 e lambda).

4.1 Análise de desempenho

Os parâmetros de desempenho do motor e as caraterísticas das emissões de gases de escape do motor C.I. em que o combustível utilizado de diferentes misturas de B20, B40, B60 de biodiesel de farelo de arroz em comparação com o gasóleo.

4.1.1 Potência de travagem (BP)

Figura da potência de travagem (BP) em função da carga obtida durante o funcionamento do motor com diferentes misturas de biodiesel, ou seja, B20, B40, B60 de biodiesel de farelo de arroz, em comparação com o gasóleo

foi mostrado na fig. 4.1

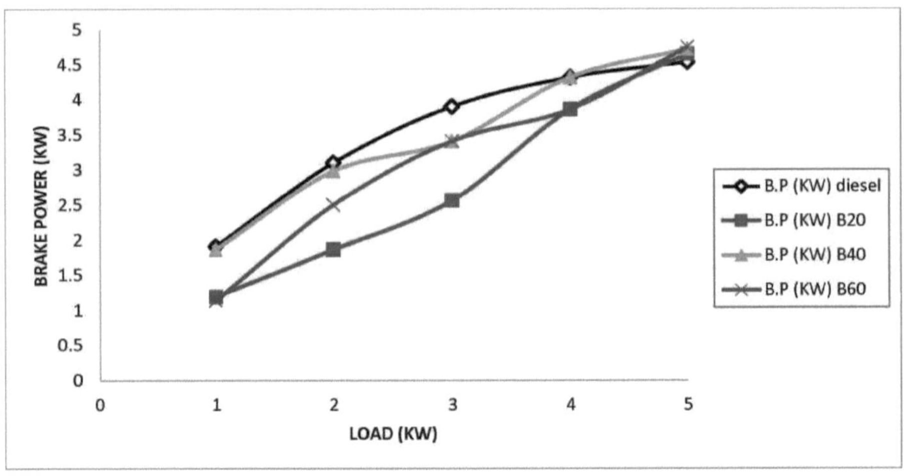

Fig 4.1Variação da potência de travagem com a alteração da carga

A potência de travagem do motor aumenta com o aumento da carga no motor. A razão é que se perde uma parte relativamente menor da potência com o aumento da carga do motor. A potência de travagem é função do poder calorífico. O gasóleo tem um poder calorífico superior ao do biodiesel, pelo que o gasóleo tem a potência de travagem mais elevada entre as diferentes misturas de biodiesel. A figura 4.1 mostra que a potência de travagem do B20 diminui com menos carga e aumenta com carga máxima. A potência de travagem do B40 é muito semelhante à do gasóleo. A potência de travagem do B40 é idêntica à do gasóleo com menos carga. Quando a carga aumenta para a carga máxima, a diferença entre as potências de travagem de todos os combustíveis é muito pequena.

4.1.2 Consumo específico de combustível nos travões

A figura do consumo específico de combustível no travão em função da carga obtida durante o funcionamento do motor com diferentes misturas de biodiesel, ou seja, B20, B40, B60 de biodiesel de farelo de arroz, em comparação com o gasóleo, foi apresentada na fig.4.2. É expresso em Kg/KWh.

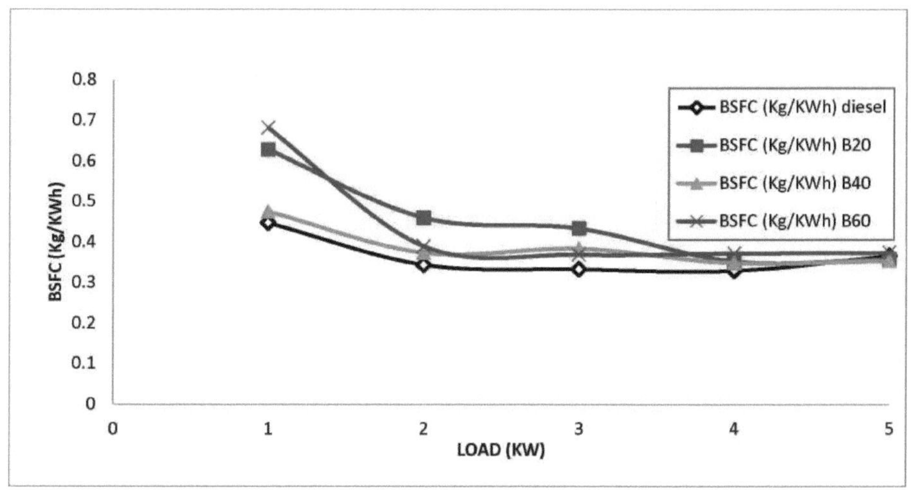

Fig 4.2Variação do consumo específico de combustível na travagem com a variação da carga

Para todas as misturas e petrodiesel testados, o BSFC diminuiu com o aumento da carga. Este facto é atribuído ao maior aumento percentual da potência de travagem com a carga, em comparação com o consumo de combustível. Pode ver-se na fig. 4.2 que, no caso das misturas de biodiesel, os valores BSFC foram determinados como sendo mais elevados do que os do gasóleo. O consumo específico de combustível ao travão do B60 é superior ao do B40 e do B20. Esta tendência foi observada devido ao facto de as misturas de biodiesel terem um valor de aquecimento inferior ao do combustível para motores diesel e um caudal de combustível mais elevado devido à elevada densidade das misturas e, por conseguinte, a um módulo de massa mais elevado. O módulo de massa mais elevado resulta numa maior descarga de combustível para a mesma deslocação do êmbolo na bomba de injeção, resultando num aumento do BSFC. Assim, foram necessárias mais misturas de biodiesel para a manutenção de uma potência constante. É sabido que o consumo específico de combustível no travão é inversamente proporcional à eficiência térmica do travão. Assim, o gasóleo tem o menor consumo específico de combustível no travão. A Fig. 4.2 mostra que o consumo específico de combustível no travão do B40 é muito semelhante ao do gasóleo.

4.1.3 Consumo específico de energia nos travões (BSEC)

A figura do consumo específico de energia no freio em função da carga obtida durante o funcionamento do motor com diferentes misturas de biodiesel, ou seja, B20, B40, B60 de biodiesel de farelo de arroz, em comparação com o gasóleo, é apresentada na fig. 4.3. É expresso em MJ7KWh.

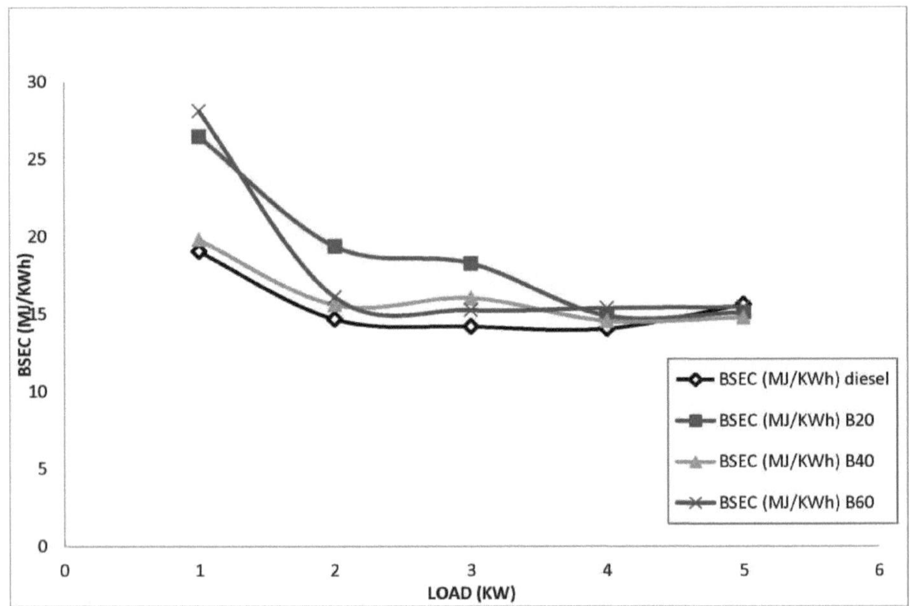

Fig 4.3 Variação do consumo específico de energia do travão com a alteração da carga

A figura 4.3 mostra que o consumo específico de energia na travagem do B40 é muito semelhante ao do gasóleo em todas as cargas. No caso do B20, o consumo específico de energia do travão é inferior ao do B60 com menos carga e aumenta com cargas mais elevadas.

4.1.4 Eficiência térmica do travão (BTE)

A figura da eficiência térmica do travão em função da carga obtida durante o funcionamento do motor com diferentes misturas de biodiesel, ou seja, B20, B40, B60 de biodiesel de farelo de arroz, em comparação com o gasóleo, é apresentada na fig. 4.4

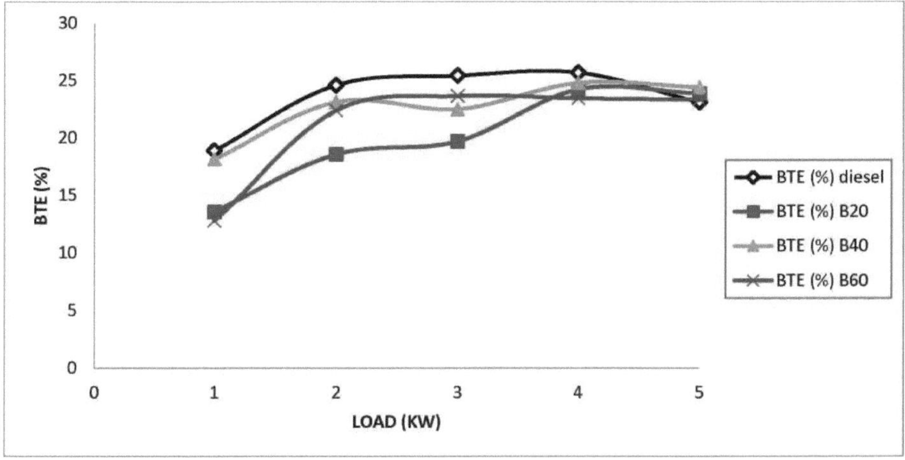

Fig 4.4 Variação da eficiência térmica do travão com a alteração da carga

Em todos os casos de combustíveis, a eficiência térmica do travão aumenta com um aumento da carga. Este facto pode ser atribuído à redução da perda de calor. Observa-se também que o gasóleo apresenta uma eficiência térmica ligeiramente mais elevada na maioria das cargas do que o biodiesel de farelo de arroz e as suas misturas. Factores como os valores de aquecimento mais baixos e a viscosidade mais elevada dos ésteres podem afetar o processo de formação da mistura e, por conseguinte, resultar numa combustão lenta que reduz a eficiência térmica da travagem. As moléculas de biodiesel contêm alguma quantidade de oxigénio, que participa no processo de combustão. A figura 4.4 mostra que a eficiência térmica de travagem do B40 é muito semelhante à do gasóleo. A plena carga, a eficiência térmica de travagem do B40 é superior à do gasóleo. Verificou-se que a utilização de combustíveis biodiesel ricos em oxigénio promove uma melhor combustão, pelo que a eficiência térmica foi melhorada. A viscosidade mais elevada do B60 levou a uma diminuição da atomização, da vaporização do combustível e da combustão, pelo que a eficiência térmica das misturas de biodiesel foi inferior.

4.2 Análise das emissões

4.2.1 Emissões de HC

A variação de hidrocarbonetos em função da carga para diferentes misturas de B20, B40 B60 em comparação com o gasóleo é apresentada na figura 4.5.

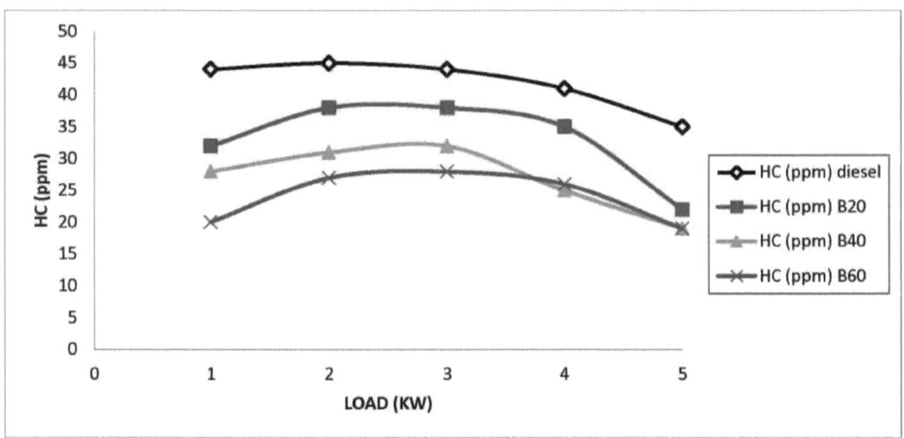

Fig 4.5 Variação do hidrocarboneto com a alteração da carga

As emissões de hidrocarbonetos diminuem com o aumento da percentagem de biodiesel no combustível. O teor mais elevado de oxigénio e a temperatura de combustão do biodiesel e das suas misturas promovem a oxidação dos HC não queimados, o que resulta em menores emissões de HC quando comparado com o gasóleo. A Fig. 4.5 mostra que os hidrocarbonetos não queimados do B60 são inferiores aos de todas as misturas de combustíveis em todas as cargas. A figura mostra que, para todas as misturas de biodiesel, a emissão de hidrocarbonetos não queimados é inferior à do gasóleo.

Os hidrocarbonetos não queimados de B20 são mais do que os de B40 e B60. Isto mostra que o combustível biodiesel tem menos emissões de hidrocarbonetos do que o gasóleo.

4.2.2 Emissões de CO

A variação do monóxido de carbono em função da carga para diferentes misturas de B20, B40 B60 em comparação com o gasóleo é apresentada na fig. 4.6.

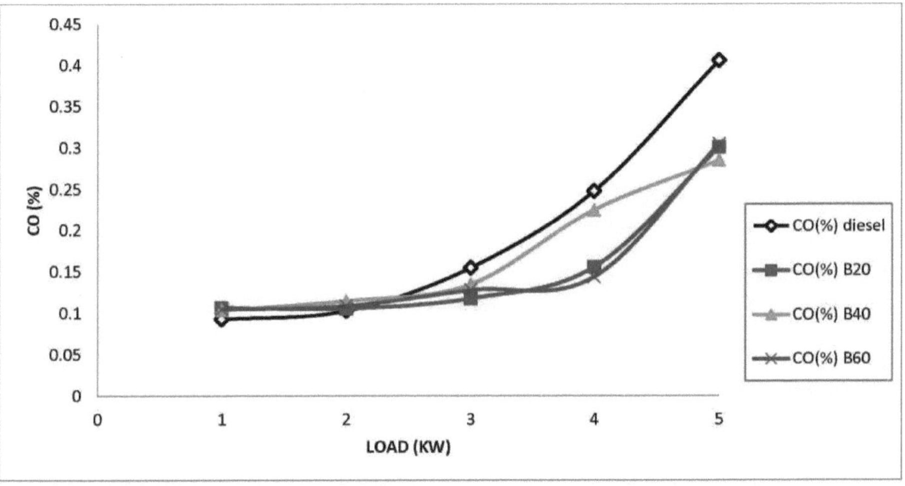

Fig 4.6 Variação do monóxido de carbono com a alteração da carga

O monóxido de carbono (CO) nos motores diesel forma-se durante as fases intermédias da combustão. O motor a gasóleo funciona bem no lado mais pobre da relação estequiométrica. A Fig. 4.6 mostra as emissões de CO do gasóleo, do biodiesel e das suas misturas. Observou-se que o CO diminuiu inicialmente com o aumento da carga do motor e depois aumentou com o aumento da carga do motor. Devido ao teor de oxigénio no biodiesel, para além do teor de oxigénio no ar fornecido durante a indução, o CO é reduzido através da combinação de oxigénio com CO para formar CO2. A Fig. 4.6 mostra que o CO de todas as misturas de biodiesel é inferior ao do gasóleo. O CO2θ da mistura B60 é inferior ao dos combustíveis B20 e B40. A cargas mais pequenas, o CO é igual para todos os combustíveis. As curvas mostram que, a plena carga, as emissões de CO aumentam para todos os combustíveis.

4.2.3 Emissões de CO_2

A variação do dióxido de carbono em função da carga para diferentes misturas de B20, B40 B60 em comparação com o gasóleo é apresentada na fig. 4.7

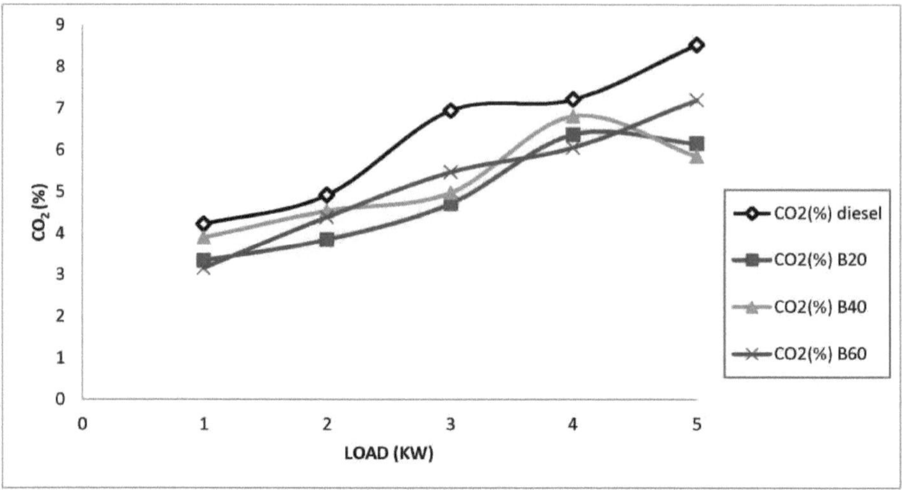

Fig 4.7 Variação do dióxido de carbono com a alteração da carga

A Figura 4.7 mostra que o CO_2de todas as misturas de biodiesel é inferior ao do gasóleo. A figura mostra que, para B20, o CO_2é inferior ao de B40 e B60 para todas as cargas. As curvas mostram que o CO_2 aumenta quando a carga aumenta para todos os combustíveis. Este facto deve-se à combustão completa.

4.2.4 Emissões de O_2

A variação do oxigénio em função da carga para diferentes misturas de B20, B40 B60 comparada com

com gasóleo é apresentado na fig. 4.8

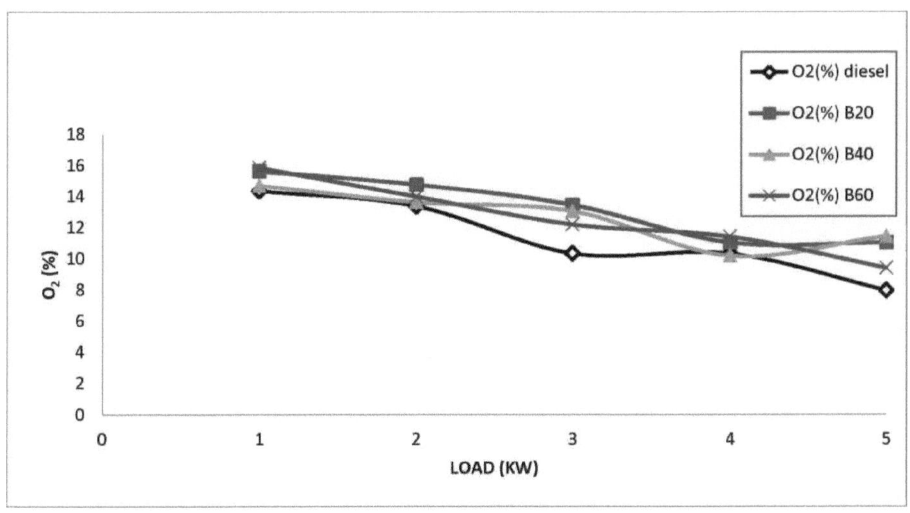

Fig 4.8 Variação do oxigénio com a alteração da carga

A figura 4.8 mostra que as emissões de O_2 são menores no caso do gasóleo do que em todas as misturas de combustível.

Os combustíveis B20 apresentaram as maiores emissões de O_2 em todas as cargas. O teor de oxigénio no biodiesel é superior ao do gasóleo.

4.2.4 Lambda

A variação de lamda em função da carga para diferentes misturas de B20, B40 B60 em comparação com

O gasóleo é apresentado na fig. 4.9

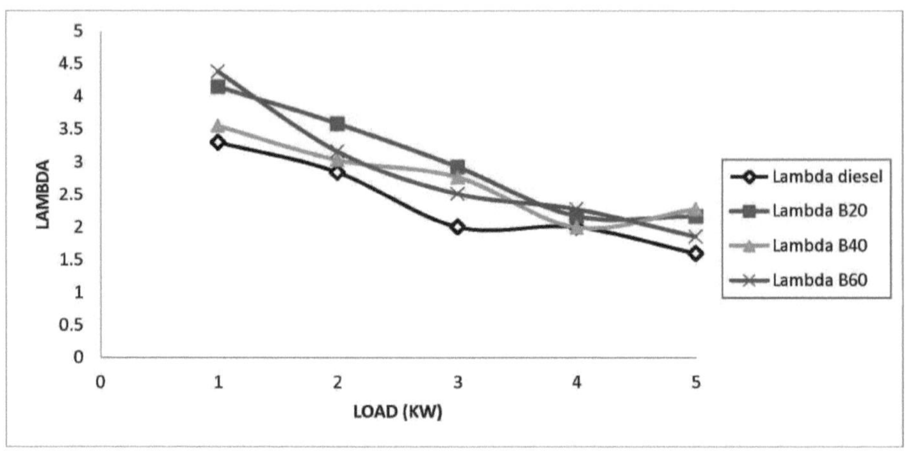

Fig 4.9 Variação do lamda com a alteração da carga

Lambda representa a relação entre a quantidade de oxigénio realmente presente numa câmara de combustão e a quantidade que deveria estar presente para se obter uma combustão "perfeita". Assim, quando uma mistura contém exatamente a quantidade de oxigénio necessária para queimar a quantidade de combustível presente, a relação será de um para um (LI) e o lambda será igual a 1,00. Se a mistura contiver demasiado oxigénio para a quantidade de combustível (uma mistura pobre), o lambda será superior a 1,00. Se uma mistura contiver muito pouco oxigénio para a quantidade de combustível (uma mistura rica), o lambda será inferior a 1,00. A figura 4.9 mostra que, para todas as misturas, o valor de lambda é superior ao do gasóleo.

CAPÍTULO 5

CONCLUSÃO E ÂMBITO FUTURO

5.1 Conclusão

O presente estudo permite tirar as seguintes conclusões.

- As misturas de biodiesel são B20, B40 e B60 numa base volumétrica efectuada a velocidade constante em diferentes condições de carga. A eficiência térmica de travagem do combustível B40 é de 24,4%, enquanto o gasóleo tem 23% a plena carga.

- Os resultados mostram que a mistura de biodiesel B40 apresenta melhores parâmetros de desempenho, tais como eficiência térmica do travão, potência do travão, BSFC, do que os combustíveis B20 e B60.

- As emissões de HC reduziram-se até 50% no caso das misturas de biodiesel em relação ao gasóleo.

- As misturas de biodiesel apresentaram menos emissões em comparação com o gasóleo. No caso das misturas de biodiesel, as emissões de monóxido de carbono (CO) e de dióxido de carbono (CO2) diminuem até 40% em relação às do gasóleo.

- As misturas de biodiesel apresentam emissões de oxigénio mais elevadas do que o gasóleo.

5.2 Âmbito de trabalho futuro

O biodiesel tem uma vantagem distinta como combustível para automóveis. O custo inicial pode ser mais elevado, mas a diversidade das matérias-primas e as tecnologias de produção de matérias-primas múltiplas desempenharão um papel fundamental na redução dos custos de produção e na viabilização económica do combustível.

- O desempenho a longo prazo e o ensaio de resistência avaliam a durabilidade do motor com um funcionamento prolongado com estas misturas.

- Podem ser utilizadas diferentes misturas com combustíveis oxigenados.
- O processo de produção de biodiesel a partir da mistura de dois ou mais óleos vegetais deve ser estudado, a análise energética e de energia para a mistura de biodiesel pode ser efectuada e deve ser desenvolvido um software para a análise energética e de energia e a composição química do combustível.
- Podem ser estudados os efeitos do armazenamento e da oxidação nas propriedades do combustível do biodiesel.

REFERÊNCIAS

[1]. S.P. Singh e D. Singh, Renewable Sustainable Energy Rev., 2010, 12, 200.

[2]. A.W. Schwab, G.J. Dykstra, E. Selke, S.C. Sorenson e E.H. Pryde, J. Am. Oil chem. Soc., 1988, 65,1781.

[3]. S. Jain e M.P. Sharma, Renewable Sustainable Energy Rev., 2010, 14, 763.

[4]. N.0.V. Sonntag in bailey's industrial oil and fat products, ed. D. Swern, John Wiley & sons, New York, 4(th)edn, 1979. D. Swern, John Wiley & sons, Nova Iorque, 4thedn, 1979.

[5]. P.B. Weisz, W.0 Haag e P.G. Rodeweld, science, 1979, 206, 57.

[6]. M.F. Demirbas, Energ. Edu.Sci. technol., 1999, 70, 1.

[7]. Y.C Sharma e B. Singh, fuel, 2008, 87, 1740.

[8]. Ram Prakash, S.P. Pandey, S. Chatterji, S.N. Singh," Emission Analysis of CI Engine Using Rice Bran0il andtheir Esters". JERS/Vol.II/Issue 1/2011, pp.173-178.

[9]. B.K. Venkanna, C. Venkataramana Reddy, Swati B Wadawadagi, "Desempenho, Emissão e Caraterísticas de Combustão do Motor Diesel de Injeção Direta Funcionando com Óleo de Farelo de Arroz/Mistura de Combustível Diesel". Jornal Internacional de Engenharia Química e Bio-molecular vol 2, No. 3, 2009.

[10]. D.G.B Boocock, S.K Konar, V. Mao e H. Sidi, biomass bioenergy, 1996, 11,43.

[11]. Y. Zhang, M.A. Dube, D.D. McLean, M. Kates, "Biodiesel production from waste cooking oil, Process design and technological assessment", Bioresource Technology, 89 (2003) 1-16.

[12]. Dorodo W et al. An alkali-catalyzed transesterification process for high free fatty acid waste oils. Trans ASAE 2002;45(3):525-9.

[13]. Dorado MP, Ballesteros E, Lopez FJ, Mittelbatch M. Otimização da transesterificação catalisada por álcali do óleo de Brassica Carinata para a produção de biodiesel. Energy Fuels 2004; 18:7783.

[14]. Sukumar "Performance and emission study of Mahua oil (Madhucaindica oil) ethyl ester in a 4-stroke natural aspirated direct injection diesel engine", Elsevier, Renewable Energy 30, 1269-1278

2005.

[15]. Y.-H. J. Siti Zullaikah, Chao-Chin Lai, Shaik Ramjan Vali, "A two-step acid-catalyzed process for the production of biodiesel from rice bran oil," *Bioresour. Technol*, vol. 96, no. 17, pp. 1989-1996, 2005. 1989-1996, 2005.

[16]. Mustafa Balat e Havva Balat, "A critical review of bio-diesel as a vehicular fuel," *Energy Convers. Manag.* vol. 49, no.10, pp. 2727-2741, 2005.

[17]. Zullaikah S. A two-step acid-catalyzed process for the production of biodiesel from rice bran oil. Biores Technol 2005; 96:1889-96.

[18]. L. Canoira, R. Alcantara, J. Carrasco. "Biodiesel de cera de óleo de jojoba: Transesterificação com metanol e propriedades como combustível". Biomassa e Bioenergia30 (2006) pp. 76-8.

[19]. Gerpan JV. Biodiesel processing and production. Fuel Process Technol 2006; 86:1097-107.

[20]. T. Balusamy e R. Marappan. Avaliação do desempenho do motor diesel de injeção direta com misturas de óleo de sementes de Thevetiaperuviana e diesel". Journal of Scientific and Industrial Research, Volume 66, pp. 1035-1040, dezembro de 2007.

[21]. Sundarapandian S. e G. Devaradjane, "Performance and Emission Analysis of Bio Diesel Operated CI Engine," *J. Eng. Comput. Archit.*, vol. 1, no. 2, 2007.

[22]. G. L. N. Subramani Saravanan, G. Nagarajan, "Effect of FFA of Crude Rice Bran Oil on the properties of Diesel Blends," *J. Am Oil Chem. Soc*, vol. 85, no. 663-666, 2008.

[23]. T. K. B. e M. P. S. Singh Jayant, T.N. Mishra, "Caraterísticas de emissão do éster metílico do óleo de farelo de arroz como combustível no motor de ignição por compressão", *Int. J. Chem. Bimolecular Eng.*, vol. 1, no. 2, pp. 36-67, 2008.

[24]. A. K. A. Deepak Agarwala, Lokesh Kumar, "Performance evaluation of a vegetable oil fuelled compression ignition engine," Renew. Energy, vol. 33, no. 6, pp. 1147-1156, 2008.

[25]. S. G. Shailendra Sinhaa, Avinash Kumar Agarwala, "Biodiesel development from rice bran oil: Transesterification process optimization and fuel characterization," *Energy Convers.*

Manag. vol. 49, no. 5, pp. 1248-1257, 2008.

[26]. S. J. Syed Ameer Basha, , K. Raja Gopal, "A review on biodiesel production, combustion, emissions and performance," Renew. Sustain. Energy Rev., vol. 13, no. 6-7, pp. 1628-1634, 2009.

[27]. S. S. S. Saravanana, G. Nagarajanb, G. Lakshmi Narayana Rao, "Feasibility analysis of crude rice bran oil methyl ester blend as a stationary and automotive diesel engine fuel," Energy Sustain. Dev, vol.13, no. 1, pp. 52-55, 2009.

[28]. M.M.K Kandasamy e M. Thangavelu. "Investigation on the performance of diesel engine using various biofuels and the effect of temperature variation". Journal of Sustainable Development, Volume 2, NO.3, novembro de 2009.

[29]. S. V. Lin Lina, Dong Yinga, Sumpun Chaitepb, "Biodiesel production from crude rice bran oil and properties as fuel," *Appl. Energy*, vol. 86, no. 5, pp. 681-688, 2009.

[30]. G. V. S. e K. R. Gopalb, "An Experimental Investigation on the Performance and Emission Characteristics of a Diesel Engine Fuelled with Rice Bran Biodiesel and Ethanol Blends," Int. J. GreenEnergy, vol. 8, no. 2, pp. 197-208, 2011.

[31]. Dhanesekaran K, Dharmendira M "estudos sobre a produção de biodiesel a partir de óleo alimentar usado utilizando catalisadores homogéneos e heterogéneos", 174p, 2014.

[32]. Ragu R, Ramadoss G "investigação experimental sobre o efeito do tempo de injeção e da pressão de injeção num motor diesel estacionário de injeção direta alimentado com óleo vegetal de farelo de arroz pré-aquecido" 187p, 2014.

[33]. Sivakumar P, Ranganathan S "studies on production of biodiesel from sterculia foetida ceiba pentandra & persea Americana seed oil using homogenous catalyst" 177p, 2014.

[34]. Prabhakar M, sendilivelan s "Experimental studies on biodiesel pongamia oil fuelled direct injection diesel enginewith differenttechniques" 139p, 2015.

[35]. Malikarjun, M V Rao, Lakshmi Narayana G "performance & emission evaluation of di compression ignition engine fuelled with blends of biodiesel extracted from mahua oil & diesel", 131p, 2015.

[36]. Mohammesd Nasurallah, K Rajagopal "Investigation on use of micro emulsion of ethanol and diesel ethanol and biodiesel", 282p, 2015.

[37]. Boro, Jutika Deka, Dhanapati & Thakur "Development of heterogeneous catalyst from biomass for biodiesel production", 119p, 2016.

[38]. Panigarhi, Nabnit "Performance analysis of a compression ignition engine using biodiesel from differenttree borne oils", 133p, 2016.

[39]. Gaurav Sharma, Devendra Dandotiya, S.K. Agarwal, Investigação Experimental dos Parâmetros de Desempenho do Motor IC de Cilindro Único Utilizando Óleo de Mostarda, Revista Internacional de Investigação em Engenharia Moderna (UMER). 3, issue 2 (2013), 832-838.

[40]. A.B.M.S. Hossain e M.A. Mekheld, Biodiesel fuel production from waste canola cooking oil as sustainable energy and environmental recycling process, Australian journal of crop science. 4(7) (2010), 543-549.

[41]. Pandian Sivakumar, Sathyaseelan Sindhanaiselvan, Nagarajan Nagendra Gandhi, Sureshan Shiyamala Devi, Sahadevan Renganathan, Otimização e estudos cinéticos sobre a produção de biodiesel a partir do óleo subutilizado de Ceiba Pentandra, Fuel. 103 (2013), 693-698.

[42]. A.B.M.S. Hossain e M.A. Mazen, Effects of catalyst types and concentrations on biodiesel production from waste soybean oil biomass as renewable energy and environmental recycling process, Australianjoumal of crop science. 4(7) (2010), 550-555.

[43]. Jon Van Gerpen, Biodiesel processing and production, Fuel processing technolog. 86 (2005), 1097-1107.

Printed by Books on Demand GmbH, Norderstedt / Germany